MÉMOIRE

SUR

LE TRAITEMENT MÉTALLURGIQUE

DU

CUIVRE CARBONATÉ

ET DU

CUIVRE OXIDULÉ DE CHESSY;

PAR M. H. MARGERIN,

ANCIEN OFFICIER D'ARTILLERIE.

PARIS,

IMPRIMERIE DE Mme. HUZARD (NÉE VALLAT LA CHAPELLE),
Rue de l'Éperon-Saint-André-des-Arts, n°. 7.

1830.

(Extrait des *Annales des Mines*, Tome VII,
Année 1830.)

MÉMOIRE

Sur le traitement métallurgique du cuivre carbonaté et du cuivre oxidulé de Chessy.

La fonderie de Chessy est située sur les bords de l'Azergue, à 1 kilomètre ouest de Chessy, bourg situé lui-même à 21 kilomètres nord-ouest de Lyon. On y traitait anciennement du cuivre pyriteux : ce n'est qu'en 1812 qu'on a commencé à traiter le cuivre carbonaté, découvert par hasard à cette époque, par suite d'une recherche de cuivre pyriteux. En 1825, on a traité en outre du cuivre oxidulé; cependant le cuivre carbonaté est demeuré l'objet principal et presque unique du traitement. On a aussi traité pendant quelque temps du cuivre peroxidé; mais ce minérai a disparu complétement.

Le cuivre carbonaté et le cuivre oxidulé ont pour gangues du grès, de l'argile schisteuse et de l'argile. Le grès de la classe des arkoses est formé de grains fins de quarz hyalin et de feldspath altéré; il contient çà et là quelques lamelles rares de mica; quelquefois il est entièrement quarzeux. Les substances qui accompagnent les minérais sont le fer hydraté, la collyrite, la lithomarge, et plus rarement le manganèse oxidé, la calamine et le spath calcaire.

Le cuivre carbonaté est appelé *mine bleue*, et le cuivre oxidulé *mine rouge*. Le cuivre peroxidé était appelé *mine noire*.

Ces minérais, après avoir subi une préparation mécanique, sont classés en *riches* et en *pauvres* (1).

Les riches, appelés aussi *gras*, sont ceux qui ne retiennent pas sensiblement de gangue.

Les pauvres, appelés aussi *maigres*, sont ceux qui en retiennent encore une quantité notable que l'on n'a pu séparer.

La mine bleue est classée de la manière suivante :

Riche du cassage,
Riche du lavage,
Riche du criblage,
Pauvre du cassage,
Pauvre du criblage.

La mine rouge est classée ainsi :

Schlich riche,
Schlich pauvre.

Le traitement métallurgique consiste à fondre les minérais ainsi préparés dans des fourneaux à manche, et à raffiner le cuivre noir provenant de ce fondage dans des fourneaux à réverbère. Il n'y a d'exception que pour le schlich riche, qui est soumis à un traitement particulier.

Les soufflets, et en général toutes les machines, sont mus par une conduite d'eau prise dans l'Azergue, à un quart de lieue au dessus de la fonderie.

PREMIÈRE PARTIE.

Fondage des Minérais.

Minérais de fusion.

Les minérais de fusion sont essayés tous les trois mois. Leur composition varie peu, depuis

(1) Voyez le Mémoire de M. Thibaud sur les procédés suivis à Chessy pour la préparation mécanique des minérais. (*Annales des Mines*, 2e. série, t. I, p. 193.)

ıe les procédés de préparation mécanique ont ;quis une certaine régularité, dont ils étaient ›mplétement dépourvus il y a quelques années. es deux tableaux suivans présentent les résul-ıts moyens des essais faits pendant l'année 1827.

COMPOSITION de la MINE BLEUE.	RICHE		PAUVRE	
	du cassage et du lavage.	du criblage.	du cassage.	du criblage.
Grès et argile. . . .	0, 30	0,30	0, 52	0, 55
Deutox. de cuivre.	0, 45	0, 42	0, 30	0, 25
Oxides de fer et de manganèse.. . .	0, 10	0, 04	0, 02	0, 05
Perte au feu.	0, 23	0, 22	0, 15	0, 14
Cuivre métallique.	0, 360	0,336	0, 240	0, 200

COMPOSITION de la MINE ROUGE.	SCHLICH	
	riche.	pauvre.
Grès et argile.	0, 05	0, 30
Protoxide de cuivre.	0, 86	0, 45
Oxide de fer	0, 04	0, 20
Eau	0, 04	0, 05
Cuivre métallique.	0, 762	0, 400

Le fondant est de la chaux provenant du calcaire à gryphées, qu'on trouve en abondance aux environs de Chessy. Récemment préparée, elle contient :

Silice	0,012
Oxide de fer et magnésie	0,041
Eau et acide carbonique	0,044
Chaux	0,902

On l'emploie ordinairement récemment préparée.

Combustible.

Le combustible est du coke, que l'on tire de Saint-Étienne; il est, en général, de bonne qualité. Il contient :

Silice	0,060
Oxide de fer	0,030
Soufre	0,0014
Bitume	0,056
Carbone	0,850

Description des fourneaux à manche. (Voyez Pl. X, fig. 5 et 6.)

Il y a trois fourneaux à manche. Chacun d'eux se compose d'un massif en maçonnerie consolidé par des traverses en fer, et d'une chemise que l'on renouvelle à chaque campagne. La forme de la chemise varie dans le cours de la campagne. Au moment de la mise en feu, cette forme est celle d'un parallélipipède rectangle ayant $1^m,80$ de hauteur, $1^m,60$ de largeur et $1^m,00$ de profondeur; mais au bout de quelques jours de travail, il se forme sur les parois un ventre dont la capacité s'accroît progressivement jusqu'à une certaine limite, et dont la section principale horizontale, approximativement représentée par une ellipse, passe un peu au dessus de la tuyère, et à $0^m,60$ environ au dessus de la sole. Les deux faces latérales et celle du fond sont construites en gneiss, que l'on tire de Sainbel; la face antérieure, appelée *fiervende*, est formée d'une suite de plaques rectangulaires peu épaisses et en argile réfractaire. La sole est en briques réfractaires faites d'argile de Bourgogne et de quarz pulvérisé (1). La tuyère pratiquée dans la face du fond est horizontale, et située à $0^m,40$ au dessus de la sole.

Les deux faces latérales et celle du fond règnent sans interruption depuis la sole jusqu'au gueulard, et s'élèvent ensuite au dessus de celui-ci en s'inclinant de dedans en dehors jusqu'à la rencontre des murs du massif; la fiervende, au contraire, se termine supérieurement au gueulard, et inférieurement à la hauteur de la tuyère. Cette disposition forme au dessus du gueulard une espèce de trémie ouverte par devant, propre

(1) Autrefois la sole était formée de trois couches de quartz pulvérisé; mais le métal pénétrait entre les couches et les soulevait; on était alors obligé d'arrêter le fourneau pour refaire une autre sole.

C'est au commencement de la campagne de 1828 que j'ai essayé les briques. J'avais réservé un fourneau à l'ancienne méthode, afin de mettre les ouvriers à même de comparer, car ils doutaient du succès des briques. Le fourneau a été mis en feu le 10 octobre 1827. Le 18, la première couche de la sole était enlevée; j'ai arrêté le travail et fait refaire une autre couche : le travail a été repris le 21. Le 29, la première couche était encore enlevée : j ai alors continué, en faisant sonder, soir et matin, avec un ringard, pour voir si la seconde couche résistait. Cette couche ayant paru tenir, j'ai fait baisser, le dimanche suivant, le fond du bassin d'avant-foyer au niveau de cette couche, ainsi que le trou de coulée; j'ai aussi fait baisser la table d'autant, et continuer la fiervende. Le fourneau a bien marché pendant quelque temps, les coulées étaient très fortes; mais le 24 décembre, la deuxième couche ayant été elle-même enlevée, j'ai été obligé d'arrêter le travail. Il y avait une distance d'un mètre de la tuyère au fond.

Les deux fourneaux, dont la sole était en briques, ont été mis en feu le 2 octobre, et n'ont présenté aucun accident pendant toute la durée de la campagne.

à recevoir la charge. Cette trémie est surmontée d'une cheminée pratiquée dans le massif, destinée à conduire les fumées en dehors de l'usine. Sur le devant du fourneau, s'avance une plate-forme un peu inclinée et s'élevant à la hauteur du bord inférieur de la fiervende. Cette plate-forme, appelée *la table*, est construite en argile, fortement damée entre le devant du fourneau et trois petits murs reliés entre eux par des barres de fer; elle a environ 0^m,68 de hauteur au dessus du sol de l'usine, 2^m,00 de largeur et 1^m,32 de profondeur, trois marches placées au devant permettent aux ouvriers d'y monter commodément. Un bassin creusé dans la table, et dont le fond et les parois se raccordent avec la sole et les parois de la chemise, forme un véritable prolongement du creuset, on l'appelle *bassin d'avant-foyer;* ses parois sont en brasque composée d'argile et de charbon pulvérisé intimement mêlés. Cette brasque étant facilement attaquée par les matières scoriformes et métalliques, le bassin doit être refait toutes les semaines.

Au fond et d'un côté de ce bassin est le *trou de coulée*, duquel part le *canal de coulée,* qui traverse en ligne droite et suivant une faible pente le massif de la table, débouche extérieurement par la face du même côté, et communique ensuite, à l'aide d'une courte rigole, avec un bassin creusé dans le sol de l'usine, destiné à recevoir le métal et appelé *bassin de réception.*

La tuyère a 0^m,65 de côté. L'œil est un cercle de 0^m,08 de diamètre. L'ouverture du pavillon est une ellipse dont le grand axe a 0^m,52 et le petit axe 0^m,21. Le museau est en fer forgé, et le pavillon en tôle.

Le vent est fourni par deux soufflets pyramidaux en bois, mus par une roue hydraulique; la pression de l'air y excède faiblement celle de l'atmosphère. Le nombre des pulsations est de six à huit par minute. Ces soufflets sont en très mauvais état; ils perdent beaucoup de vent surtout par les temps secs, et nécessitent de fréquentes réparations. Il m'a été impossible de calculer, même entre des limites éloignées, la quantité d'air lancée dans le fourneau en un temps donné.

Chaque fourneau est servi par deux postes, l'un de jour, l'autre de nuit, composés chacun d'un fondeur et un aide.

Composition du lit de fusion.

Le lit de fusion est composé des différentes sortes de minérai bleu, de chaux concassée en petits morceaux, et de scories provenant du fondage. Les différentes sortes de minérai sont en telle proportion que leur contenance moyenne en cuivre soit environ 27 pour 100. On obtient ordinairement cette contenance en employant les proportions suivantes :

Riche du cassage. . .	1
Riche du lavage. . . .	5
Riche du criblage. . .	2
Pauvre du cassage. . .	8
Pauvre du criblage. .	3

La proportion de chaux est sensiblement constante; elle est à peu près 20 pour 100 du minérai.

La proportion de scories est très variable. Elles ont pour but de donner au mélange le degré de fusibilité convenable, lequel dépend de la température du fourneau, qui elle-même dépend de la température extérieure : il en faut beaucoup plus l'été que l'hiver. La proportion moyenne peut être évaluée à 50 pour 100 du minérai. Souvent on ajoute 2 à 3 pour 100 de schlich pauvre, dont on fait un mortier avec de la chaux délayée, et 5 à 6 pour 100 de scories provenant du raffinage, lesquelles retiennent 0,20 de cuivre en grenailles. Cette addition n'altère pas sensiblement la richesse moyenne du mélange.

Ces proportions sont celles qui ont été reconnues, par expérience, pour les plus convenables; cependant on les modifie, comme on le verra par la suite, lorsque la composition des minérais et quelques autres circonstances encore viennent à varier.

On ne pèse pas les matières, on les mesure à la brouette, ce qui est loin d'être suffisamment exact.

Composition de la charge

On charge le mélange de minérai, chaux et scories dans des baches en bois appelées *bachasses*, qui en contiennent environ 12 kilogrammes. On charge le coke dans des paniers qui en contiennent 35 kilogrammes. La charge est composée ainsi :

4 bachasses de minérai, chaux et scories,
1 panier de coke,
4 bachasses de minérai, etc.,
1 panier de coke.

Le fondeur porte la bachasse, l'aide porte le panier.

On voit que la quantité de coke est constante dans la charge, et pèse environ 70 kilogrammes; mais, considérée relativement au minérai, elle varie avec la saison. En hiver, par un froid intense, elle est de 65 pour 100 du minérai; en été, elle s'élève à 90 pour 100. Elle est, moyennement, de 77 pour 100.

Description du travail.

Le fourneau étant en feu et rempli de coke jusqu'à la hauteur de la fiervende, le fondeur et son aide y introduisent la première charge. Quand elle est descendue au niveau de la fiervende, ce qui arrive environ une heure après, on en passe une seconde et ainsi de suite. Le nombre des charges que l'on passe en douze heures, quand le fourneau est en bon train, varie de dix à quatorze.

Les matières fondent; le métal et les scories se rassemblent dans le creuset et dans le bassin d'avant-foyer. Le fondeur plonge souvent son ringard dans le bain, pour faciliter l'ascension des scories. Celles-ci se refroidissent, se figent à leur surface, et forment ainsi un gâteau plus ou moins épais, flottant sur le bain. Quand ce gâteau, soulevé par l'afflux continuel du métal et des scories liquides, s'élève jusqu'aux bords du bassin, le fondeur, armé de son ringard, qu'il appuie sur le bord de la table et qu'il manœuvre comme un levier, l'enlève et le jette en le retournant sur le devant du fourneau. Aussitôt l'aide le refroidit avec de l'eau, le charge sur une brouette, et le transporte hors de la fonderie. Dès qu'un gâteau de scories est enlevé, il s'en forme bientôt un nouveau, qu'on enlève de la même manière.

L'introduction de l'air froid dans le fourneau fige les matières qui passent devant la tuyère, et détermine la formation d'un nez. Ce nez, qui s'avance en voûte au devant de la tuyère, occasione, dans la partie du fourneau où la température est la plus élevée, un rétrécissement qui ralentit la descente des matières, et les maintient en contact pendant un temps suffisamment long pour que la réaction puisse s'opérer complétement. Il a de plus cet avantage, qu'il forme comme un prolongement de la tuyère, et porte l'air plus avant dans l'intérieur du fourneau. L'expérience a montré que, pour atteindre ce but, le nez devait être maintenu à une longueur de $0^m,12$ à $0^m,16$. C'est pourquoi la tuyère est ordinairement obscure et barbouillée.

Quand le métal remplit le bassin d'avant-foyer tout entier, ce qui arrive environ douze heures après la dernière coulée, le fondeur arrête le vent, l'aide nettoie le bassin de réception. Le premier place ensuite un ringard dans le canal de coulée, et l'enfonçant à coups de masse, il perce le tampon d'argile qui bouche le trou de coulée ; le métal coule rapidement, et se rend dans le bassin de réception, en exhalant une forte odeur d'acide sulfureux. Pendant qu'il remplit le bassin, l'aide l'agite avec une perche en bois, pour faciliter le départ des matières scoriformes qu'il a entraînées avec lui. Ces matières, qui coulent les dernières, laissent une longue trace derrière le métal, dans la rigole et le canal. La coulée terminée, l'aide bouche le trou de coulée avec un tampon d'argile, qu'il applique en se servant d'une perche, et le fondeur donne le vent.

Les matières scoriformes entraînées par le métal, et improprement appelées *matte* (1), forment à sa surface une couche plus ou moins épaisse. Quand cette couche commence à se figer, l'aide l'arrose pour la solidifier complétement, et

(1) Une matte est le produit d'une première fusion trop impur pour être affiné immédiatement, mais dont cependant le métal est l'élément principal ; ce qui n'est pas le cas ici.

le fondeur l'enlève avec un ringard ou une pelle, et la dépose auprès du bassin ; il enlève également la matte demeurée dans le canal de coulée, et la réunit à la précédente. Cela fait, l'aide arrose la surface du bain métallique, de manière à solidifier une couche peu épaisse, ce qui a lieu à la température du rouge cerise à peu près ; ensuite le fondeur et l'aide passent leurs ringards sous la couche solidifiée, la soulèvent et la tirent doucement hors du bassin. Alors l'aide maintenant le disque incliné sur le sol, le fondeur le brise, à coups de ringard ou de masse, en deux ou trois morceaux, que l'aide transporte, à l'aide d'une pelle, hors de la fonderie. L'épaisseur des disques ne doit pas excéder $0^m,02$ à $0^m,03$. Quand le disque est trop épais, il résiste et ne se laisse briser que difficilement, ce qui entrave le travail : c'est pourquoi le fondeur doit veiller à ce que l'aide ne jette pas trop d'eau sur le bain, et épier le moment où la couche est suffisamment solide pour pouvoir être soulevée. Quand tout le cuivre est enlevé, le fondeur répare et nettoie le bassin d'avant-foyer, et s'assure que le tampon ferme exactement le trou de coulée ; l'aide balaie la table et le devant du fourneau. Le cuivre noir est ensuite pesé et mis en magasin.

On coule deux fois par jour, à six heures du matin et à six heures du soir ; cependant, au commencement de la campagne. quand le fourneau n'a pas encore atteint toute sa capacité, on ne coule d'abord qu'une fois en vingt-quatre heures, puis deux fois en trente-six heures.

Quand les fourneaux sont en bon train, le poids de la coulée est d'environ 350 kilogrammes. Chaque fourneau rend donc 700 kilogrammes par jour; mais les coulées sont beaucoup plus faibles au commencement et à la fin de la campagne.

Réparation des bassins d'avant-foyer.

Le travail est interrompu toutes les semaines, à cause de la nécessité de refaire les bassins d'avant-foyer. Le dimanche matin, après la coulée, on cesse de charger, on arrête les soufflets, on défait les bassins à l'aide de ringards pointus, qu'on introduit à grands coups de masse dans la brasque agglutinée par les matières scoriformes et métalliques qui l'ont pénétrée.

On les refait ensuite avec de la brasque nouvelle faiblement humide, que l'on tasse fortement avec des pilons en fer. Cette double opération, qui est longue et pénible, est exécutée par les deux postes réunis; les aides tiennent le ringard et apportent la brasque, les fondeurs manient la masse et le pilon. Quand elle est terminée, on remplit les fourneaux de coke, et les nouveaux bassins de charbons de bois allumés, pour en chasser l'humidité.

Le travail est repris le même jour à six heures du soir.

Examen des produits du fondage.

Les produits du fondage sont dans l'ordre où on les obtient : 1°. les scories; 2°. la matte; 3°. le cuivre noir; 4°. la cadmie.

Scories.

Il y a trois sortes de scories, qui diffèrent par leur aspect, leur composition et les circonstances dans lesquelles elles se forment; elles sont bleues, noires ou rouges : on les désigne par leur couleur.

Les scories *bleues* sont vitreuses en général, bulleuses à petites bulles çà et là. Leur couleur varie du blanc bleuâtre au bleu foncé; la nuance ordinaire est le bleu turquoise. Leur éclat est vitreux; leur cassure conchoïde et amincie sur les bords. Elles sont translucides en lames minces, et vues par réfraction, leur couleur est vert de bouteille ou gris de fumée. Elles raient le verre, et sont très faiblement magnétiques.

Au chalumeau, elles fondent facilement et donnent un globule vitreux.

Elles sont attaquables par les acides nitrique et muriatique; mais l'attaque est toujours incomplète, même après une longue ébullition.

Elles contiennent :

Silice.	0,550
Alumine.	0,070
Chaux.	0,246
Protoxide de fer.	0,119
Oxide de cuivre	0,005
Magnésie.	traces.

Composition représentée par la formule :

$$AlS^3 + 3\left\{\begin{matrix} Ca \\ f \end{matrix}\right. S^2.$$

Ces scories sont celles que l'on obtient le plus fréquemment.

Les scories *noires* sont celluleuses, à cellules rapprochées, variables de figures et de dimensions; imparfaitement fondues. Leur couleur varie du gris de fumée au gris noirâtre. Leur cassure est inégale. Elles ont un très faible éclat gras, sont faiblement translucides en lames très minces, raient le verre, sont très faiblement magnétiques. Réduites en poussière fine, leur couleur devient blanc grisâtre.

Elles fondent difficilement au chalumeau et donnent un émail translucide blanc grisâtre.

L'action des acides est à peu près la même que sur les précédentes.

Elles contiennent :

Silice	0,560
Alumine	0,096
Chaux	0,270
Protoxide de fer	0,070
Oxide de cuivre	0,001
Magnésie	traces.

Composition représentée par la formule :

$$Al S^2 + 2 \left\{ \begin{matrix} Ca \\ f \end{matrix} \right. S^2.$$

On voit que dans ces scories la silice est à un plus haut degré de saturation que dans les précédentes.

Elles se forment assez fréquemment, quoique moins, que les scories bleues. Celles-ci en renferment presque toujours une petite quantité empâtée çà et là dans la masse.

Les scories *rouges* sont compactes, en général bulleuses à grosses bulles çà et là. Leur couleur varie du rouge violâtre obscur au rouge sang le plus intense; elle est quelquefois irisée. Leur éclat est faiblement vitreux. Leur cassure est lisse et unie. Elles sont translucides en lames minces; raient le verre. Celles d'un rouge violâtre sont quelquefois très faiblement magnétiques.

Elles fondent facilement au chalumeau, et donnent un globule vitreux. L'action des acides est la même que sur les précédentes.

Leur composition est variable, surtout relativement à la proportion du cuivre qu'elles renferment. Une scorie d'un rouge obscur et faiblement magnétique a donné, à l'analyse :

Silice	0,586
Alumine	0,050
Chaux	0,160
Protoxide de fer	0,126
Oxide de cuivre	0,036
Magnésie	traces.

Celles d'un rouge intense contiennent jusqu'à 0,07 à 0,08 d'oxide de cuivre.

Cette composition rentre dans la formule

$$Al\, S^3 + m \left\{ \begin{array}{l} Ca \\ f \\ Cu \end{array} \right. S^3.$$

On voit que la silice y est à un degré de saturation moins élevé que dans les scories bleues.

Ces scories sont rares (1). On ne les obtient guère qu'accidentellement sous la forme d'un enduit plus ou moins épais, à la face inférieure du gâteau de scories.

Quand le fondeur soulève le gâteau pour l'enlever, le bain métallique, un instant découvert, reçoit l'action du vent des soufflets, et il se forme de l'oxide de cuivre, qui se scorifie.

Les scories rouges sont toutes repassées aux fourneaux à manche.

Les trois espèces de scories se forment simultanément dans le fourneau. Ce qui le prouve, c'est que si on introduit un ringard, soit par le gueulard, soit par une ouverture pratiquée dans la fiervende, à la hauteur du ventre, la matière en fusion qui s'attache au ringard est ordinairement formée de deux ou trois espèces de scories. Ce qui le prouve encore, c'est que le nez est presque toujours composé de la même manière. A la hauteur de la tuyère, là où le fourneau se rétrécit tout à coup et où la température est la plus élevée, la réaction s'opère entre elles à la faveur d'un contact prolongé, et elles se résol-

(1) Autrefois on n'obtenait que de celles-là.

vent en une seule, qui dépend de leurs proportions respectives et de leur composition.

L'inégalité de saturation qu'on observe en elles tient à l'inégalité de l'action réductive du charbon sur les bases qu'elles renferment.

Matte. La matte qui recouvre le cuivre noir dans les bassins de réception est d'un gris noirâtre, métalloïde, celluleuse, lourde, non rayée par l'acier, magnétique ; elle renferme des grenailles de cuivre.

Elle est complétement attaquable par les acides nitrique et muriatique.

Elle contient, indépendamment des grenailles :

Silice.	0,305
Protoxide de fer.	0,555
Soufre.	0,023
Fer	0,018
Cuivre	0,044
Sable.	0,005

ou bien :

Silicate de fer. . .	0,860
Sulfure de fer. . . .	0,030
Sulfure de cuivre.	0,055
Sable.	0,005

La composition de cette matte se rapprochant beaucoup de celle des scories provenant du premier décrassage dans le raffinage, on peut la considérer comme une véritable scorie provenant d'un commencement de raffinage que subit le cuivre noir en séjournant dans le creuset.

La matte qui demeure dans le canal de coulée diffère de la précédente par son aspect et sa composition.

Elle est en plaques minces, gris de fer, métalloïde, brillante, cassante, à structure cellulaire, rayée faiblement par l'acier, magnétique.

Elle contient un grand nombre de parcelles de cuivre à peine visibles, et quelques grenailles rares.

Elle est rapidement et complétement attaquée par l'acide nitrique.

Elle contient :

Soufre.	0,220
Fer.	0,186
Cuivre.	0,576

ou bien :

Sulfure de fer. . . .	0,298
Sulfure de cuivre.	0,540
Cuivre.	0,144

Composition assez bien représentée par la formule $FeS^2 + 2\,CuS$, abstraction faite du cuivre métallique, qui est accidentel. Les mattes sont repassées au fourneau à manche.

Le cuivre noir est d'un gris foncé, violâtre à sa surface. Dans la cassure, il est rouge rosé, grenu à grains fins et irréguliers, presque sans éclat. Il est rayé faiblement par l'acier, s'aplatit sous le marteau en une feuille assez mince, mais alors devient aigre et se déchire facilement, se laisse couper par le tranchet, et donne une section lisse, unie, éclatante. Il est fortement magnétique. Cuivre noir.

Il fait effervescence par l'acide sulfurique étendu, à froid.

L'acide nitrique le dissout presque complétement à froid; il surnage quelques globules de soufre, et il se dépose un résidu noirâtre, facilement attaquable à chaud, et qui n'est autre chose qu'un silicate de fer composé comme celui que renferme la matte; la dissolution ne contient que du cuivre et du fer.

La composition du cuivre noir n'est pas constante. Elle varie non seulement d'une coulée à l'autre selon l'espèce de scorie obtenue, mais encore pour une même coulée; les disques supérieurs sont plus impurs que les inférieurs. Voici le résultat moyen de plusieurs analyses faites sur les disques intermédiaires de plusieurs coulées provenant d'un travail qui avait donné des scories bleues :

Cuivre...........	0,893
Fer..............	0,065
Protoxide de fer...	0,024
Silice...........	0,013
Soufre...........	0,0034

La proportion de fer est à peu près la même quand les scories sont rouges; elle est constamment plus forte quand les scories sont noires, et s'élève à 0,077.

Plus le cuivre noir contient de fer, plus son raffinage est long et difficile. Il ne paraît pas possible de l'obtenir entièrement purgé de ce métal. Le silicate et le sulfure de fer proviennent de la matte elle-même, dont le cuivre est demeuré imbibé dans le creuset.

Quant au soufre, il ne peut provenir que du coke, le minérai n'en contenant pas. Il faut, moyennement, 77 de coke pour 100 de minérai ou 27 de cuivre pur, ou 30 de cuivre noir; 77 de coke renferment 0,1078 de soufre; 30 de cuivre noir en contiennent 0,1020 : donc tout le soufre contenu dans le coke passe dans le cuivre noir, à l'exception de $\frac{1}{18}$ environ, qui demeure dans la matte, ou se volatilise.

Cadmie. Il se dépose sur les parois des cheminées, de la cadmie formée d'oxide de cuivre, d'oxide de zinc, de sable, et d'une petite quantité de soufre. Elle contient environ 0,60 de cuivre. On la recueille tous les ans à la fin de la campagne, et on la fond avec du minérai à la campagne suivante.

Conséquences à tirer de ce qui précède.

Le but du fondage étant d'obtenir tout le cuivre contenu dans le minérai, avec le moins de fer possible, ce but n'est atteint que d'une manière incomplète lorsqu'il se forme des scories rouges ou noires : dans le premier cas, parce que les scories retiennent une quantité notable de cuivre; dans le second, parce que le cuivre noir contient une trop grande proportion de fer. Le but du fondage est au contraire rempli autant que possible quand il se forme des scories bleues; car ces scories ne retiennent pas sensiblement de cuivre, et le cuivre noir qui en provient ne contient que la plus petite proportion de fer.

Caractères d'un bon fondage.

Caractères d'un mauvais fondage.

D'où il suit que les scories bleues sont le caractère essentiel d'un bon fondage, et que les scories rouges et noires, notamment les premières, indiquent toujours un dérangement dans la marche du fourneau.

Causes qui tendent à déranger la marche des fourneaux.

La formation des scories rouges et noires dépend des variations qui surviennent dans la composition du minérai, celle du fondant, la qualité du coke, la température atmosphérique.

On les voit constamment apparaître dans les circonstances suivantes :

Quand la richesse d'une ou plusieurs classes de minérai vient à diminuer de manière que la richesse moyenne du mélange ne soit plus que de 0,25 environ, toutes circonstances demeurant d'ailleurs les mêmes, il se forme des scories rouges, et d'autant plus cuprifères que le mélange est plus pauvre (1), surtout si le quartz domine

(1) Ce fait, qui semble paradoxal, s'explique si l'on considere

dans les gangues. Il se forme encore des scories rouges quand l'oxide de fer se trouve en défaut dans le mélange, l'oxide de cuivre y étant d'ailleurs dans la proportion convenable, ou quand la chaux est trop anciennement préparée; et sans doute aussi quand le fondeur, par négligence, n'en étend pas la dose convenable sur le lit de fusion.

On conçoit en effet que, dans ces divers cas, la chaux, l'alumine et l'oxide de fer ne suffisant plus pour saturer la silice, il doit se scorifier de l'oxide de cuivre, et d'autant plus que la silice est plus en excès.

Si au contraire la richesse d'une ou plusieurs classes de minérai vient à augmenter, de manière que la richesse moyenne du mélange s'élève à 0,29 ou 0,30, on voit d'abord apparaître des scories rouges; et si alors on cesse de charger, ces scories sont bientôt suivies de scories noires. On observe souvent la même chose quand le schlich est en excès dans le mélange, et on l'observait constamment quand on passait le schlich riche aux fourneaux à manche. L'apparition des scories rouges peut s'expliquer ainsi. La plus grande proportion d'oxide de cuivre communique aux scories rouges qui se forment dans le fourneau au dessus de la tuyère une plus grande fusibilité, à la faveur de laquelle elles se séparent des autres espèces de scories qui se forment simultanément avant que la réaction soit complétement opérée. La formation subséquente des scories noires s'explique par l'excès

---

que le minérai le plus pauvre contient plus d'oxide de cuivre qu'il n'est nécessaire à la saturation de la silice.

de chaux qui se trouve en présence des gangues.

Quand l'oxide de fer se trouve accidentellement en excès dans le mélange des minérais, l'oxide de cuivre y étant d'ailleurs dans la proportion convenable, il se forme des scories noires et quelques grumeaux de fer, qui s'attachent çà et là aux parois du fourneau et embarrassent la descente des charges. C'est là un des cas les plus défavorables. Il doit encore se former des scories noires quand, par la négligence du fondeur, il y a un excès de chaux sur le lit de fusion, surtout si la chaux est récemment préparée. Ce cas s'explique comme le précédent, par l'excès de chaux relativement à la silice.

Quelquefois, quand le coke est de bonne qualité, frais, en gros morceaux, et qu'en même temps l'air est très froid, on voit apparaître des scories rouges. La température du fourneau étant alors très élevée, les trois espèces de scories qui se forment simultanément se séparent dans l'ordre de leur fusibilité, avant d'avoir pu réagir complétement l'une sur l'autre.

Si au contraire, le coke est vieux et en poussière, et qu'en même temps la température de l'air s'élève à 20 ou 25 degrés centigrades, les charges descendent lentement et irrégulièrement, faute de chaleur dans le foyer, encore bien qu'on augmente la proportion des scories dans la charge, pour augmenter la fusibilité des matières.

Ces différens cas sont tous exprimés par la formule suivante : les scories rouges proviennent d'un défaut de chaux ou d'un excès de chaleur dans le foyer ; les scories noires proviennent d'un excès de chaux.

Les fourneaux à manche, bien différens en cela des hauts-fourneaux, manifestent très vite les dérangemens qui surviennent en eux, et peuvent être ramenés promptement à une marche régulière par un traitement convenable. L'aspect de la tuyère, la longueur du nez, la vitesse de la descente des charges indiquent fidèlement l'état intérieur du fourneau.

Signes qui annoncent ces dérangemens.

Une tuyère obstruée et plus sombre que de coutume, un nez qui tend à s'allonger, la descente lente et embarrassée des charges annoncent des scories noires, ou un défaut de chaleur dans le foyer.

Une tuyère qui s'éclaircit, un nez qui tend à se raccourcir, la descente rapide et irrégulière des charges annoncent des scories rouges.

Moyens d'y remédier.

Aussitôt que le fondeur est averti par les signes précédens qu'il se prépare des scories rouges, il doit diminuer le vent, et charger en menu coke, afin de diminuer la température du foyer. Si cependant les scories arrivent rouges dans le bassin, il doit suspendre le chargement et attendre. Si les scories rouges continuent à se montrer, il augmente un peu la proportion du minérai riche dans le lit de fusion, ou il ajoute quelques scories de raffinage. Ces dernières, cependant, ne doivent être employées qu'avec ménagement, à cause de leur grande fusibilité, et il ne faut guère outre-passer la proportion indiquée au commencement, si ce n'est en été, lorsqu'on n'a pas à craindre que la température du foyer soit trop élevée. Si, au contraire, les scories noires succèdent aux rouges, le fondeur augmente un peu la proportion du minérai pauvre dans le lit de fusion et rétablit le vent.

Quand le fondeur est averti qu'il se prépare des scories noires, ou que le foyer manque de chaleur, il doit augmenter le vent, et à la première charge employer du coke frais et en gros morceaux. Si les scories arrivent bleues, il doit se borner à graduer la température du foyer de manière à ce que les charges descendent avec la vitesse convenable. Si au contraire les scories sont noires, il n'a qu'à diminuer peu à peu la proportion de chaux dans le lit de fusion.

L'emploi, fait avec discernement, de ces différens moyens ramène toujours un fourneau à la bonne marche quand il s'en est écarté (1). Leur action s'explique d'ailleurs facilement par tout ce qui précède.

La campagne finit ordinairement aux premiers jours de juillet, les eaux de l'Azergue étant trop basses vers cette époque pour faire mouvoir les soufflets. On arrête les fourneaux, on enlève les fiervendes, on détruit les bassins d'avant-foyer. Les fourneaux ont alors acquis un ventre considérable, à peu près circulaire, dont le grand axe, perpendiculaire à la fiervende, a environ $1^m,90$ et le petit axe, $1^m,50$. On y trouve çà et là, et surtout dans le creuset, des grumeaux de fer métalliques attachés aux parois, et quelquefois du cuivre oxidulé fondu, étendu en léger enduit (2). On défait la chemise, et on en construit

Fin de la campagne.

(1) Les fondeurs ne connaissent pas encore bien ce traitement; ils ont besoin d'être instruits et surveillés, surtout en ce qui concerne les scories noires : abandonnés à eux-mêmes, ils ne font rien pour les prévenir, comme, autrefois, pour les scories rouges.

(2) Quand la sole était formée d'une couche de quartz pulvérisé, elle s'élevait graduellement pendant toute la

une nouvelle ayant les dimensions déjà indiquées, avec des pierres préparées à l'avance. On répare aussi les soufflets, les roues, les tuyaux de conduite, les manœuvres d'eau, etc.

Vers la fin de septembre, les eaux sont assez élevées pour faire mouvoir les soufflets, et on commence une campagne nouvelle.

Ainsi, une campagne dure environ neuf mois (1).

Améliorations dont le procédé serait susceptible.

Le procédé de fondage, tel qu'il vient d'être exposé, convient bien au traitement des minérais maigres et médiocres ; mais il est tout à fait impropre au traitement des minérais riches, à cause de la grande quantité de scories cuprifères qui se forment alors dans le foyer, et de la difficulté de les y maintenir assez long-temps pour opérer leur réduction complète. Ces minérais riches, et principalement celui en boules, qui est presque uniquement formé de cuivre carbonaté pur, seraient fondus beaucoup plus avantageusement dans des fourneaux à réverbère (2), avec du charbon pulvérisé et une petite quantité de

---

campagne, en sorte que la capacité du creuset allait sans cesse en diminuant. A la fin de la campagne, on trouvait un énorme renard formé de grains de quartz agglutinés entre eux par des matières scoriformes, et traversé par des veines de cuivre, de fer et de cuivre oxidulé. On enlevait ce renard avec beaucoup de peine, on le réduisait en morceaux, et on le fondait avec le minérai à la campagne suivante.

(1) On pourrait certainement prolonger la durée de la campagne ; mais il faudrait changer les machines qui sont toutes mauvaises, et tirer un meilleur parti de la chute d'eau dont on dispose.

(2) On verra plus tard comment une partie pourrait être employée dans le raffinage du cuivre noir.

chaux et de scories communes aussi pulvérisées, que l'on ajouterait pendant la fusion. Par ce moyen, il ne se formerait qu'une petite quantité de scories presque entièrement dépouillées de cuivre, et on obtiendrait un cuivre noir ne contenant qu'une trace insensible de fer, et probablement susceptible d'être raffiné par une simple fusion. On pourrait employer la houille de Sainte-Foy pour ce fondage, comme on l'emploie déjà pour le raffinage, et il en résulterait une économie considérable sur le combustible.

Le procédé, qui s'exécute dans les fourneaux à manche, réclame lui-même quelques modifications, surtout quant à la forme du fourneau.

Le gneiss qui sert à la construction de la chemise est très fusible en contact avec le minérai, la chaux et les scories, en sorte que la forme de la chemise varie depuis le commencement de la campagne jusqu'à la fin. Entre toutes ces formes, une seule est plus convenable que toutes les autres; si on la connaissait, il est évident qu'il vaudrait mieux la donner directement à la chemise que d'attendre qu'elle la reçût passagèrement de l'action fondante des matières; seulement, pour la soustraire à cette action, il faudrait substituer au gneiss des briques fortement réfractaires, comme celles dont est faite la sole : or, il est facile de connaître cette forme. En effet, il y a, dans le cours de la campagne, une époque où les fourneaux ont la meilleure marche, et après laquelle ils ne font plus que décliner. Il suffirait d'arrêter un fourneau vers cette époque pour huit jours seulement, et d'observer la forme qu'a reçue alors la chemise.

Il conviendrait aussi de supprimer les tables,

de mettre le fond du creuset au niveau du sol de l'usine, et de remplacer le bassin d'avant-foyer par un simple prolongement du creuset en briques réfractaires, comme le creuset lui-même. La tuyère devrait être abaissée d'autant que le fond du creuset. On coulerait le cuivre noir, comme une gueuse, dans une rigole prismatique creusée dans le sol de l'usine. On obtiendrait ainsi des coulées plus fortes, on éviterait la réparation dispendieuse des bassins toutes les semaines, et le fondage serait continu depuis le commencement jusqu'à la fin de la campagne.

Mais ces perfectionnemens doivent être ajournés indéfiniment, à cause de l'état précaire où se trouve la fonderie, faute des mesures propres à assurer la durée de l'exploitation.

SECONDE PARTIE.

Raffinage du cuivre noir.

But du raffinage.

Le but du raffinage est de séparer du cuivre les substances étrangères qui lui sont unies dans le cuivre noir. On a vu que ces substances sont le fer, le protoxide de fer, la silice et le soufre; le moyen de séparation employé est la scorification.

Description de fourneaux à réverbère.

On raffine le cuivre noir dans des fourneaux à réverbère; il y en a deux qui servent alternativement, ils sont ainsi construits :

(Voy. les figures 1, 2, 3 et 4.)

Le massif est en pierres de gneiss reliées entre elles par des traverses en fer. La chemise, la voûte, le pont sont en briques réfractaires faites d'un mélange d'argile de Bourgogne et de quartz pulvérisé; on les refait à chaque campagne. Deux bassins, situés extérieurement, sont joints au massif; ils communiquent avec la sole chacun à l'aide d'un canal particulier, et sont destinés à recevoir le cuivre raffiné : on les appelle *bassins de réception* ou *de percée*.

La sole est formée de trois couches de brasque battue sur une contresole en argile. Cette contresole repose sur un lit de briques réfractaires, qui repose lui-même sur une couche de scories étendue sur la partie du massif qui sert de fondation. La brasque est composée de deux parties d'argile, deux de charbon et une de sable, le tout pulvérisé, passé au crible, intimement mêlé et légèrement humecté. La première couche doit être refaite à chaque opération, les deux autres peuvent durer toute la campagne. La sole a la figure d'un ovale presque circulaire, dont le grand axe a $2^m,60$ et le petit axe $2^m,10$; elle a $0^m,24$ d'épaisseur, chaque couche ayant $0^m,08$; elle est creusée en forme de bassin, et son centre est $0^m,15$ au dessous des bords; deux passages faiblement inclinés mettent en communication le centre et les canaux, qui aboutissent aux bassins de percée. Ces canaux sont terminés chacun par deux petits murs qui comprennent entre eux une ouverture rectangulaire destinée à l'écoulement du métal, et exactement fermée pendant l'opération avec une pelote d'argile et une brique que l'on place au devant. L'un de ces canaux est situé à l'extrémité du grand axe de la sole ; l'autre est situé antérieurement, et sa direction, qui passe à peu de distance du centre de la sole, fait un angle d'environ 60° avec le grand axe. La grille, située obliquement et d'un même côté par rapport à la sole, a $1^m,72$ de longueur et $0^m,44$ de largeur.

Le pont, par suite de l'obliquité de la grille, a pour base un trapèze. Il a $0^m,80$ de longueur du côté de la sole, et $1^m,00$ du côté de la grille ; sa largeur, prise sur le prolongement de l'axe de la sole, est $0^m,50$; il ne s'élève qu'insensiblement au dessus de la sole ; sa hauteur au dessus de la grille est $0^m,32$.

La voûte a la forme d'une calotte ellipsoïdale, dont le point culminant se projette au centre de la sole. Elle repose sur un petit mur en briques qui entoure la sole et forme la chemise. La chausse et le pont sont recouverts chacun par une petite voûte particulière (1). La hauteur de la voûte principale au dessus du pont est $0^m,30$; au dessus du centre de la sole, $0^m,86$; à l'extrémité du grand axe, $0^m,72$. On voit que, contrairement aux principes, la voûte s'éloigne de la sole en s'éloignant du pont. Il en résulte, d'une part, que, la flamme, étranglée dans son passage au dessus du pont, n'arrive aux extrémités de la sole qu'après avoir subi un refroidissement considérable, ce qui augmente la durée de l'opération et la dépense en combustible; et, d'une autre part, qu'elle détruit rapidement les voûtes qui surmontent la chauffe et le pont, et le pont lui-même, ce qui abrège la durée de la campagne.

La tuyère, placée sur le derrière, à peu de distance du pont, reçoit les buses de deux soufflets en cuir destinés à lancer dans le fourneau la quantité d'air nécessaire à la scorification. Cette tuyère est faiblement plongeante sur la sole. Sa direction horizontale passe à $0^m,42$ du centre de la sole du côté du pont, et fait avec le grand axe

(1) La voûte de la chauffe est un berceau dont la courbe est une anse de panier à trois centres : on attachait alors beaucoup d'importance aux formes compliquées en métallurgie.

un angle de 60°, ce qui détermine sa position.

Il y a quatre ouvertures au fourneau : *la porte de la chauffe*, par laquelle on charge le combustible sur la grille ; *la porte du travail*, par laquelle on enlève les scories ; et deux *fenêtres*, par l'une desquelles on introduit la charge dans le fourneau. Ces fenêtres sont situées aux extrémités des canaux qui mettent en communication la sole et les bassins de réception, et les cintres qui les forment reposent sur les petits murs qui terminent les canaux et comprennent les trous de coulée. Une petite cheminée placée au dessus de la porte de travail a pour but d'empêcher la flamme de sortir quand cette porte est ouverte pour l'enlèvement des scories.

Les bassins de réception ont, intérieurement, la forme d'un cône renversé ; ils ont $0^{m},45$ de profondeur, et $1^{m},14$ de diamètre ; chacun d'eux peut contenir 1346 kilogrammes de cuivre. Ils sont creusés dans de la brasque fortement battue et contenue dans des cylindres construits en maçonnerie reliée par des bandes et des cercles en fer, et dont la hauteur est d'environ $0^{m},65$. La brasque est composée de parties égales d'argile et de charbon pulvérisé. Ces bassins peuvent durer toute une campagne, mais ils doivent être réparés à chaque opération. On les échauffe quelques heures avant la coulée, en y brûlant du charbon de bois pour en chasser l'humidité.

La cheminée a $12^{m},18$ de hauteur au dessus du sol de l'usine, et 10 mètres au dessus de la grille. Elle communique avec l'intérieur du fourneau par le canal situé à l'extrémité du grand axe de la sole.

On a ménagé tout autour de la sole, dans l'épaisseur des murs, deux rangs de ventouses ou soupiraux, qui prennent naissance au lit de briques et aux couches de brasque, et montant obliquement jusqu'au dehors. Ces ventouses servent à l'évaporation de l'humidité et même du gaz qui proviennent de la décomposition de l'eau par le charbon de la brasque; elles sont absolument nécessaires. A leur défaut, l'humidité s'échapperait à travers les murs, désunirait les pierres et détruirait le fourneau en peu de temps. Il y a aussi des ventouses aux bassins de réception, par la même raison. Chaque fourneau est servi par un poste composé d'un raffineur et un aide (1).

Combustible.

Le combustible est de la houille de Sainte-Foy, que l'on exploite dans la vallée de la Brevanne, à quatre lieues au dessus de l'Arbresle. Cette houille est schisteuse, d'un noir tirant sur le gris de fer, peu éclatante, cassante, renfermant beaucoup de pyrites. Elle pétille au feu, se divise en fragmens, brûle avec une flamme blanche, claire, volumineuse, et donne beaucoup de cendres. Elle contient :

Bitume et soufre.	0,36
Carbone......	0,46
Cendres......	0,18

La consommation est d'environ 1,800 kilogrammes par raffinage, à moins d'accidens qui prolongent la durée de l'opération.

C'est depuis peu de temps seulement qu'on

(1) Il y avait autrefois deux raffineurs et deux aides pour un même fourneau ; mais ces quatre ouvriers n'étaient pas utilement employés. Deux suffisent au raffinage proprement dit, et on réunit les deux postes pour le chargement et la coulée.

emploie la houille. Autrefois on brûlait du bois de hêtre, tremble et peuplier, que l'on tirait de la Bourgogne. On en consommait, moyennement, sept moules (1) par raffinage. Il est facile de calculer l'économie qui est résultée du changement de combustible.

7 moules, à 24 fr. l'un.		168f,00
1,800 kilog. houille, à 3f,10 les 100 kil.	55,80	} .. 67,80
3 voies de charbon pour échauffer les bassins, à 4 fr. (2)	12,00	
		100f,20

L'économie est de 100 francs 20 centimes par raffinage.

Composition de la charge.

La charge se compose de 3,000 kilogrammes de cuivre noir, auxquels on ajoute des grenailles de cuivre provenant des opérations précédentes, des débris de magasins, et quelquefois du cuivre de cémentation (3).

Chargement du fourneau.

Après que le raffineur a refait la première couche de la sole, il se fait apporter de la paille par un aide, et il en couvre toute la surface de la sole sur une épaisseur de trois ou quatre doigts, pour empêcher que le cuivre noir ne laboure la brasque : cela fait, il reçoit les morceaux de cuivre noir que l'aide lui passe par la fenêtre, et il les pose sur leur plat les uns au dessus des autres, en ménageant un certain espace entre eux,

(1) Le moule vaut 64 pieds cubes.

(2) Lorsqu'on brûlait du bois, on se servait de la braise qui tombait sous la grille pour échauffer les bassins ; celle de la houille contient trop de cendres pour servir au même usage.

(3) Ce cuivre provient des eaux d'une ancienne mine de cuivre pyriteux près Sainbel, maintenant abandonnée.

afin que la flamme puisse circuler librement ; il laisse aussi un espace libre dans un rayon de $0^{m},50$ autour de la tuyère, pour que le vent puisse pénétrer dans le fourneau. Quant aux grenailles, débris, etc., il les place d'une manière quelconque. Dans cette opération, le poste de service est aidé par l'autre. Le chargement terminé, on ferme la porte du travail et les deux fenêtres avec de grandes briques faites d'argile ordinaire et de paille hachée. Le fondeur place devant la tuyère une pelote d'argile appelée *moustache*, destinée à diriger le vent des soufflets vers la voûte ; l'aide charge la grille de houille, et met le feu.

Description du travail.

Quand le fourneau est bien sec, on pousse le feu dès le commencement autant que possible, et au bout de deux ou trois heures le métal est parfaitement rouge. Quand au contraire on a dû faire d'importantes réparations à la sole, à la chemise ou à la voûte, on doit ménager le feu et le conduire de manière que le métal ne soit rouge qu'au bout de cinq ou six heures : ce dernier cas se présente rarement. On peut observer l'intérieur du fourneau par un petit trou pratiqué dans le milieu de la brique qui ferme la porte du travail, et appelé *œil*. Ce n'est que lorsque le cuivre est parfaitement rouge que l'on fait agir les soufflets ; il devient d'abord pâteux et dégoutte ensuite peu à peu jusqu'à ce qu'il soit entièrement fondu. Il s'écoule cinq à six heures depuis le rouge jusqu'à la fusion parfaite ; pendant tout ce temps, l'aide doit entretenir la grille constamment chargée de houille à la plus grande hauteur, et visiter souvent le cendrier pour le débarrasser des cendres qui l'encombrent et obstruent le passage de l'air en même temps, le raffineur allume et entretien le feu dans les bassins de percée, pour en chasser l'humidité ; il doit aussi veiller à ce que la porte de la chauffe ne soit ouverte que pour introduire le combustible, et à ce que toutes les ouvertures soient exactement fermées. Cependant, à la dernière heure, il débouche l'œil de temps en temps, pour reconnaître l'état du cuivre.

Quand le cuivre noir est entièrement fondu, sa surface est recouverte d'une couche assez épaisse de scories. Le raffineur enlève la brique qui ferme la porte du travail, dispose une barre de fer en travers et au devant de la porte, et armé d'un long râble qu'il fait glisser sur la barre, il rassemble les scories éparses sur le bain, les amène près de la porte, et les fait tomber sur le sol de l'usine ; l'aide les refroidit aussitôt avec de l'eau. Cette opération s'appelle le *premier décrassage*. Dès que toutes les scories sont enlevées, que la surface du bain est bien nette, on referme la porte avec la même brique, et on fait sauter la moustache : alors le vent frappe directement sur le cuivre. A partir de ce moment, le raffineur doit visiter souvent la tuyère, pour en ôter avec une baguette de fer les morceaux de cuivre qui peuvent s'y attacher figés par le vent, et qui tendent à l'obstruer ; ces morceaux sont quelquefois tellement adhérens, qu'on ne peut les détacher qu'avec le marteau.

Cependant il se forme de nouveau des scories; mais tandis que les précédentes s'étaient produites en abondance et subitement, celles-ci n'apparaissent que lentement et successivement. Le raffineur les enlève avec son râble comme les précédentes, à mesure qu'elles se forment. C'est là le *second décrassage*. Il exige plus d'adresse et de soin que le premier, et dure beaucoup plus de temps, environ quatre à cinq heures. Il est très important que les scories soient enlevées à mesure qu'elles se forment, parce que s'opposant à l'action du vent sur le bain métallique, elles ralentissent la scorification et par conséquent le raffinage; et on doit d'autant plus y veiller, que le raffineur est naturellement porté, pour diminuer sa peine, à les laisser accumuler, pour pouvoir les enlever ensuite en une fois ou deux. Pendant tout le temps que dure ce décrassage, la porte du travail ne doit rester ouverte qu'autant que le travail l'exige.

Au bout de quatre à cinq heures, il ne se forme plus sensiblement de scories : on ferme la porte, et on active le feu. Alors on voit apparaître çà et là de grosses bulles à la surface du bain, d'abord rares, ensuite fréquentes; bientôt la masse entière paraît éprouver une ébullition rapide et tumultueuse. Les ouvriers disent alors que le cuivre *travaille*. Ce mouvement dure ordinairement trois quarts d'heure ou une heure, quelquefois une heure et demie; après quoi, il s'arrête de lui-même sans que la température ait diminué.

Quand l'opération est arrivée à ce point, le raffineur examine l'état du cuivre. Il prend une baguette de fer arrondie et polie à ses deux extrémités, et de $0^{m},25$ environ de longueur, il la passe par la tuyère, la trempe dans le bain métallique, l'en retire promptement et la plonge dans un petit baquet plein d'eau. Quand elle est refroidie; il en détache le cuivre avec un marteau. Le raffinage est terminé quand l'essai présente les caractères suivans : mamelonné, uni;

çà et là quelques cavités, trous ou piqûres ; rouge foncé, quelques taches fort unies d'un rouge sanguin très vif, comme appliquées au pinceau; cassant, se déchirant sous le marteau ; un ou deux petits crochets à l'extrémité; dans sa cassure, rouge de cuivre clair, brillant, avec une teinte carminée. Il ne s'écoule pas plus de trois quarts d'heure entre la fin du *travaillement* et l'instant où l'essai présente ces caractères. Durant ce temps, le raffineur doit prendre d'abord au moins un essai toutes les dix minutes, et à la fin toutes les trois minutes. Tous les essais doivent être rejetés dans le bain après avoir été examinés.

Lorsque le moment est venu de couler, l'autre poste se réunit à celui de service pour l'aider. Les aides placent dans chacun des trous de percée l'extrémité pointue d'une barre de fer rond dont l'autre extrémité est garnie d'un bouton; les raffineurs frappent à coups de masse sur ces barres, pour les faire pénétrer dans la pelote d'argile jusqu'à la brique placée au devant du trou: alors les aides saisissent les barres avec une espèce de fourche au dessous du bouton, afin de pouvoir les retirer facilement et sans danger, et les deux raffineurs font sauter les deux briques ensemble. Le cuivre coule rapidement et avec bruit dans les deux bassins, en brillant d'une si vive lumière, que l'œil n'en peut supporter l'éclat; il exhale une faible odeur de soufre. Quelquefois, par la maladresse des raffineurs, l'un des trous de percée est ouvert avant l'autre, et le cuivre coule dans un seul bassin : alors en ouvrant le canal qui met en communication les deux bassins, on évite le débordement et les graves accidens qui en seraient la suite.

Tout le cuivre abandonne la sole, et coule dans les bassins, à l'exception d'une faible portion qui a pénétré la première couche, et qu'on en retire plus tard sous forme de grenailles. Les raffineurs enlèvent avec un râble les scories qui le recouvrent, et les restes flottans du charbon qui a servi à échauffer les bassins. Alors il s'élève de la surface du cuivre une fumée rougeâtre, formée d'une multitude de petits globules sphériques, animés d'une vitesse de rotation prodigieuse. Ces globules sont soulevés par l'air qui tourbillonne au dessus des bassins; ils sont formés d'un noyau de cuivre revêtu de couches concentriques de protoxide de cuivre, espèce de *battiture*, qu'on en sépare facilement (1).

On refroidit le cuivre en faisant jouer à sa surface quelques soufflets à bras; une couche mince se fige; on y répand un peu d'eau, que l'on renouvelle jusqu'à ce qu'elle acquière assez de consistance pour être enlevée. Ces couches, d'un énorme poids, ne pourraient être enlevées par les seuls raffineurs et leurs aides; on leur adjoint six ouvriers par bassin, pris parmi ceux de la fonderie dont les travaux puissent être interrompus sans inconvéniens, en sorte que chaque bassin est servi par huit ouvriers. Ceux-ci armés de longues barres de fer terminées en fourche, qu'ils manœuvrent d'abord comme

---

(1) Pour recueillir ces globules, on place une pelle dans la fumée qui s'élève au dessus des bassins; elle se recouvre d'une poussière d'un beau rouge foncé, qui en est formée: cette poussière peut servir à sécher l'écriture. Lorsque des étrangers viennent visiter la fonderie au moment de la coulée d'un raffinage, les ouvriers ne manquent pas d'en recueillir sous leurs yeux et de la leur offrir.

des leviers en prenant leurs points d'appui sur les cercles de fer qui couronnent les bassins, saisissent le gâteau de cuivre flottant, le soulèvent et, faisant effort en même temps, le projettent en le retournant dans une large cuve voisine remplie d'eau, qui se renouvelle continuellement. Quand le premier gâteau est enlevé, on en forme un second, qu'on enlève de la même manière et ainsi de suite. A raison de la forme conique des bassins de percée, le diamètre des gâteaux va en diminuant, et par conséquent leur pesanteur; on renvoie successivement à leur travail ordinaire les ouvriers devenus surabondans. A mesure que les gâteaux se refroidissent dans les cuves, on les en retire à la main. Deux hommes sont préposés à ce travail, qui marche en même temps que celui des bassins. Les raffineurs qui dirigent tout ce mouvement doivent veiller à ce que les gâteaux soient retournés dans leur immersion; sans cette précaution, on s'exposerait à de graves accidens. Les gâteaux laissent au fond des cuves quelques grenailles, que l'on recueille et que l'on passe au raffinage suivant.

Quelquefois le raffineur laisse passer l'instant où il convient de couler le cuivre, celui-ci devient pâteux et d'un rouge plus foncé. Les ouvriers disent alors que le cuivre est *passé*, ou qu'il est *trop haut*. Dans ce cas, les gâteaux de rosette se lèvent très épais, et leur transport dans les cuves est extraordinairement pénible. Pour obvier à cet inconvénient, on jette dans le bain, au moment de la coulée, 3 ou 4 kilogrammes de plomb. Les gâteaux de rosette se lèvent alors facilement et avec le degré d'épaisseur convenable (1).

L'opération terminée, les raffineurs doivent rassembler tous les outils, les mettre en place, et porter à la forge ceux qui auraient besoin de réparation; les aides doivent balayer le devant du fourneau. Après quoi, les deux postes réunis se disposent au chargement de l'autre fourneau.

On peut distinguer dans ce procédé cinq parties, savoir: la fusion, le premier décrassage, le second décrassage, le travaillement et la prise des essais.

L'opération dure seize à dix-sept heures. Le fourneau étant chargé, on met le feu à cinq heures du soir, et quand l'opération a été bien conduite, on peut couler le lendemain à neuf heures du matin.

On fait quatre raffinages par semaine, deux dans chaque fourneau.

La coulée pèse, moyennement, 2510 kilogrammes. Le *déchet* est donc de 15 à 17 pour 100. On trouvera plus bas le calcul de la *perte*.

Les grenailles qui retiennent les scories pèsent moyennement 108 kil. Les grenailles des cuves

---

(1) Cette faible proportion de plomb n'agit pas sensiblement sur la ductilité et la malléabilité du cuivre; mais elle altère singulièrement sa ténacité, à ce point qu'il n'est plus possible de l'étirer en fils, parce qu'il se rompt à chaque instant. Un fabricant à qui on avait envoyé de la rosette qui ne contenait pas 0,001 de plomb, reconnut tout de suite à cette épreuve la présence de ce métal. La rosette *au plomb* ne convient pas non plus aux fabricans de bijoux imitant l'or, parce que ces bijoux noircissent alors promptement.

pèsent 20 kil. Les grenailles de la couche peuvent être évaluées à 40 kilogrammes. Pour recueillir ces dernières, on bécarde la couche, et on lave la poussière sur les tables à secousses.

Avant qu'on n'ajoutât les grenailles et débris de magasin au cuivre noir, la coulée pésait moyennement 2455 kilogrammes.

Les scories pèsent 540 kilogrammes, celles du premier décrassage pèsent 140.

Les gâteaux de cuivre, après avoir été pesés, sont mis en magasin; ils sont ensuite découpés, redressés, empilés dans des tonneaux, pesés de nouveau, et expédiés dans le commerce sous le nom de *cuivre-rosette*, qu'ils doivent à leur couleur rouge. Ce cuivre exige une nouvelle fusion pour pouvoir être étiré en barres, en plaques ou en fils. La plus grande partie est mise en œuvre à Lyon et dans les environs.

Examen des produits du raffinage.

Les produits du raffinage sont, dans l'ordre où on les obtient, 1°. les scories; 2°. le cuivre-rosette; 3°. les grenailles des cuves et de la brasque; 4°. la cadmie.

Scories.

Les scories en général sont caverneuses; compactes ou grenues à grains très fins, quelquefois cristallins; d'un gris de fer plus ou moins foncé, métalloïdes, opaques, lourdes. Leur cassure est inégale, anguleuse; on y rencontre çà et là de petits cristaux rougeâtres de silicate ou d'oxide de cuivre. Elles raient faiblement le verre, et sont magnétiques. Elles renferment beaucoup de grenailles de cuivre dans la proportion de 0,20 environ.

Elles fondent facilement au chalumeau, et donnent un hépar avec la soude.

Les acides nitrique et muriatique les attaquent complétement à chaud, faiblement à froid. Les scories du premier décrassage sont les plus caverneuses. Elles retiennent souvent de la brasque enlevée à la sole, et quelques fragmens de paille carbonisée.

Elles contiennent :

Silice.	0,275
Protoxide de fer. . . .	0,579
Deutoxide de cuivre.	0,020
Alumine	0,013
Soufre.	0,042
Fer.	0,068

On peut les regarder comme formées du silicate fS, mélangé en petite proportion des silicates CuS et AS^2, et du sulfure FeS^2.

Les scories du second décrassage varient dans leur aspect et leur composition, selon l'époque du travail.

Les premières sont peu caverneuses, bien fondues, homogènes, très lourdes, très magnétiques.

Elles contiennent :

Silice	0,130
Protoxide de fer. . . .	0,750
Deutoxide de cuivre.	0,035
Alumine.	0,002
Soufre.	0,025
Fer.	0,042

Elles sont composées d'un silicate de fer approchant de f^3S, et mélangé en petite proportion des mêmes silicate et sulfure que précédemment.

Les dernières scories ressemblent à celles du premier décrassage ; elles ne s'en distinguent guère que par une plus grande quantité de grenailles, et l'absence constante de débris de paille carbonisée. Elles paraissent aussi un peu plus complétement fondues. Leur composition est un peu variable.

Voici les résultats moyens de plusieurs analyses :

Silice.	0,262
Protoxide de fer. . .	0,660
Deutoxide de cuivre.	0,040
Soufre.	0,013
Fer.	0,022

Elles sont composées d'un silicate de fer approchant de fS, mélangé en petite proportion de CuS et de FeS^2.

Les scories qui se forment dans le courant de ce décrassage ont des compositions comprises entre celles-ci, et qui s'en rapprochent plus ou moins selon l'époque de leur formation. En général, elles sont composées d'un silicate de fer qui varie entre f^3S et fS, et d'une proportion décroissante du sulfure FeS^2.

Quand le raffinage allait au bois, les scories renfermaient à peu près les mêmes silicates, mais la proportion de sulfure était moindre.

Voici les résultats des analyses.

Scories du premier décrassage.

Silice.	0,330
Protoxide de fer. . . .	0,621
Deutoxide de cuivre.	0,012
Alumine	0,020
Soufre.	0,006

Scories du second décrassage.

Premières.

Silice.	0,130
Protoxide de fer..	0,769
Deutoxide de cuivre..	0,050

Soufre.	0,006
Alumine.	traces.
Dernières.	
Silice	0,220
Protoxide de fer.	0,684
Oxide de cuivre.	0,090
Soufre.	traces.

Les scories de raffinage sont toutes passées aux fourneaux à manche, comme il a été dit dans la première partie.

Cuivre-rosette. Le cuivre-rosette, à sa surface, est mamelonné, parsemé d'une multitude de petits trous ou cavités; d'un rouge foncé plus ou moins violet. Dans sa cassure, il est très caverneux, grenu à grains inégaux, plats, irréguliers, peu serrés et comme agglutinés entre eux ; rouge clair, brillant. Il s'aplatit sous le marteau, mais en couche mince, il se déchire. Il donne, avec le tranchet, une section lisse, très éclatante.

Il se dissout complètement à froid dans l'acide nitrique. La dissolution donne, par le nitrate de baryte, un très faible précipité, qui ne se manifeste qu'au bout de quelques heures. Du reste, on n'y trouve ni fer, ni zinc, ni argent, ni plomb, ni étain.

Sa couleur indique qu'il est imprégné d'une certaine quantité de protoxide : pour doser celui-ci, on a fondu 10g de rosette dans un creuset brasqué de charbon, et on a pesé soigneusement le culot, après l'avoir martelé et essuyé.

10 gr. de rosette, pris à la surface des gâteaux, ont perdu 0,08.

10 gr. pris à l'intérieur ont perdu 0,04.

Le cuivre-rosette contient donc 0,07 de protoxide à la surface des gâteaux, et 0,035 à l'intérieur.

Ces résultats ont été obtenus plusieurs fois. Le culot était constamment bien fondu, bien ramassé dans toutes ses parties, très malléable, et d'un rouge pur de cuivre, sans aucune teinte carminée.

Connaissant la composition du cuivre-rosette, on peut maintenant calculer la *perte* subie pendant le raffinage. Grenailles.

On introduit dans le fourneau :

3000 k. cuivre noir, ou 2681 cuivre pur, ou

En cuivre rosette. 2694,

on en retire

En gâteaux....... 2510 k. } 2618
En grenailles (1). 108 }

Différence. 76

Ainsi la *perte* est de 2 à 3 pour 100.

Les grenailles des cuves sont du cuivre-rosette sensiblement pur.

Les grenailles de la couche retiennent encore, après le lavage, de la brasque pulvérisée; elles contiennent environ 0,80 de cuivre.

On a vu que ces grenailles sont refondues aux fourneaux à réverbère avec le cuivre noir.

Il se dépose de la cadmie dans l'intérieur des cheminées. Elle est formée de protoxide et de deutoxide de cuivre. Il se dépose aussi de la cadmie folle sur les fourneaux, les pièces de charpente et les toitures : on les recueille tous les ans à la fin de la campagne, et on les passe aux fourneaux à manche avec le minérai. Cadmie.

(1) Il est évident qu'on ne doit tenir compte que des grenailles des scories, puisqu'on ajoute constamment au cuivre noir dans le chargement les autres grenailles provenant de l'opération précédente.

Examen des modifications successives qui reçoit le cuivre noir pendant le raffinage.

Le cuivre noir est d'abord exposé à l'action du soufre qui se dégage du combustible, et il se forme des sulfures à sa surface. Plus tard, quand il a atteint la température du rouge cerise, il reçoit l'action de l'air lancé par les soufflets; les sulfures se décomposent en partie, et il se forme de l'oxide de cuivre et une petite quantité d'oxide de fer. Bientôt le cuivre est en pleine fusion et sa surface est recouverte d'une couche de scories, que l'on enlève aussitôt. Il résulte de la composition et du poids de ces scories, qu'elles sont formées principalement du silicate de protoxide de fer dont le cuivre noir était imprégné. La silice s'y trouve à un degré de saturation un peu plus élevé, à cause de la petite quantité d'oxide de fer qui s'est formée.

Après le premier décrassage, le cuivre ne contient plus que du fer et du soufre. Le fer continue à s'oxider; l'oxide, à mesure qu'il se forme, se scorifie en agissant sur les parois de la chemise et l'argile de la brasque; en même temps il se dégage de l'acide sulfureux de la surface, et il se scorifie du sulfure de fer enveloppé par le silicate et soustrait à l'action de l'air. Pour observer directement les modifications successives que subit le cuivre à partir du premier décrassage, j'ai pris, à des temps rapprochés et aux époques principales de l'opération, une suite d'essais dont j'ai examiné l'aspect et la composition. Le tableau suivant présente les résultats de cet examen.

ÉPOQUE DE LA PRISE.	PROPRIÉTÉS PHYSIQUES.	COMPOSITION.		
		Fer.	Soufr.	Oxig.
Après le premier décrassage.	Uni ; rouge pâle, tacheté de noir ; cassant, rouge cendré dans la cassure............	0,060	0,011	»
1 heure après le précédent...	Inégal ; rouge terne, tacheté de gris et de jaune laiton ; cassant, rouge plus clair dans la cassure.................	0,030	0,005	»
Id.....	Raboteux ; éminences percées de petits trous ; rouge violet, quelques taches ; cassant, rouge plus clair dans la cassure..................	0,017	0,005	»
Id............	Raboteux ; éminences plus élevées, toujours percées ; rouge violet, tacheté de gris ; moins cassant, rouge plus clair dans la cassure.............	0,012	0,005	»
Au commencement du travaillement	Raboteux ; éminences fermées en partie ; rouge violet, malléable.................	traces	0,004	0,003
½ heure après le précédent...	Éminences fermées entièrement........................	»	0,004	0,005
Après le travaillement...	Mamelonné ; cavités, trous autour des éminences ; beau rouge foncé ; malléable ; rouge pur de cuivre dans la cassure.	»	traces	0,006
½ heure après le précédent...	Mamelonné ; mêmes trous et cavités ; moins malléable ; se déchire après s'être aplati sous le marteau................	»	traces	0,007
Au moment de la coulée, ¼ d'h. après le précédent	Mamelonné, uni ; çà et là quelques cavités, trous ou piqûres ; beau rouge carmin, quelques taches fort unies d'un rouge sanguin très vif ; peu malléable ; se déchirant sous le marteau ; un ou deux petits crochets à l'extrémité ; dans la cassure, rouge de cuivre pur avec une teinte carminée.	»	traces	0,008

Conséquences à tirer de ce qui précède.

On peut tirer de ce qui précède les conséquences suivantes :

1°. Le premier décrassage a pour effet principal de séparer du cuivre noir le silicate de protoxide de fer dont il est imprégné.

2°. Le second décrassage a pour effet de séparer tout le fer métallique et une partie du soufre.

3°. Dans le travaillement, les dernières portions de soufre se séparent, excepté une trace insensible, qui demeure unie au cuivre. En même temps celui-ci commence à s'oxider.

4°. Après le travaillement, le cuivre est raffiné autant que possible. Il s'imprègne de plus en plus de son oxide jusqu'au moment de la coulée. Cette dernière partie de l'opération n'a d'autre effet que de donner de la couleur au cuivre, et de le convertir en *rosette*.

Explication du travaillement.

Le travaillement ne peut être attribué à une véritable ébullition du cuivre, car il s'arrête de lui-même au bout d'une heure environ, sans que la température ait diminué. On sait d'ailleurs que le cuivre est sensiblement fixe aux températures les plus élevées. Ce mouvement paraît produit par le dégagement de l'acide sulfureux dû aux dernières portions de soufre que retient le cuivre. En effet, quand tout le fer est scorifié, la couche d'oxide de cuivre qui se forme à la surface du bain métallique réagit sur le soufre que retiennent encore les couches inférieures, et il se forme de l'acide sulfureux qui se dégage en soulevant la masse et lui imprime un mouvement semblable à celui de l'ébullition, lequel continue jusqu'à l'entière désulfuration du bain; et ce mouvement ne peut être produit qu'après l'entière séparation du fer, car, en présence de ce métal, le soufre se scorifie avec lui.

Comparaison du procédé de Chessy à celui du pays de Galles.

Le procédé de raffinage suivi à Chessy diffère essentiellement de celui qui est généralement suivi partout ailleurs, notamment dans le pays de Galles en Angleterre. Ce dernier se compose ordinairement de trois parties distinctes. La première, appelée rôtissage, a pour objet l'oxidation des substances étrangères au cuivre, et d'une partie du cuivre lui-même; elle dure 12 à 24 heures et s'effectue dans un fourneau à réverbère particulier. La seconde a pour objet la scorification des oxides et l'enlèvement des scories. La troisième a pour objet la revivification du cuivre. Ces deux dernières durent ensemble 20 heures et se font dans le même fourneau à réverbère. Dans le procédé de Chessy, il se fait un véritable rôtissage à partir du moment où le cuivre noir, ayant atteint la chaleur rouge, reçoit l'action de l'air lancé par les soufflets; mais ce rôtissage n'est pas une opération particulière faite dans un fourneau à part, il s'opère sans interruption jusqu'au travaillement du cuivre, concurremment avec les décrassages. Quant à la dernière partie, pendant laquelle on prend les essais, loin d'avoir pour objet la réduction de l'oxide de cuivre, elle a au contraire pour objet la formation de cet oxide. Cette différence entre les deux procédés tient à la différence des états sous lesquels on se propose d'obtenir le cuivre. Le procédé généralement suivi donne un cuivre d'un beau rouge clair, d'un grain extrêmement fin, présentant une cassure soyeuse, facile à forger, doux sous le marteau et ne se déchirant pas sur les bords. Si, à Chessy, on voulait obtenir le cuivre sous cette forme, il suffirait évidemment d'arrêter le vent des soufflets après le travaillement, et de projeter sur le bain une quantité convenable de charbon de bois et de perches de bois pour réduire la petite quantité d'oxide formée pendant le travaillement, en observant soigneusement de ne pas *outre-passer* le raffinage (1). Le procédé de Chessy ainsi modifié donnerait les mêmes résultats que le procédé généralement suivi, et durerait deux fois moins de temps.

Dans le procédé ordinaire, le cuivre ne *travaille* pas; ce qui tient, conformément à la théorie exposée ci-dessus, à ce que tout le soufre, et en général toutes les substances volatiles qui se trouvent dans le cuivre noir se sont dégagées pendant le rôtissage. Revenons au procédé de Chessy.

De l'emploi du schlich riche dans le raffinage.

On a vu que l'oxidation de la plus grande partie du fer est produite par l'action du vent sur le bain métallique. Il se forme à la surface une couche principalement composée d'oxide de cuivre, qui, réagissant de proche en proche sur les couches inférieures, oxide peu à peu le fer qui s'y trouve disséminé. L'oxidation du fer se propage ainsi difficilement à travers la masse, et les scories se forment lentement et successivement. Il est évident que si le cuivre était imprégné d'une certaine quantité de son oxide, l'oxidation du fer serait produite à la fois dans l'intérieur et à la surface du bain, en même temps que l'oxide de cui-

(1) Quand le raffinage est *outre-passé*, le cuivre devient rouge jaunâtre, très brillant, cassant; la cassure est fibreuse; on admet généralement qu'alors il est combiné avec une petite quantité de carbone.

vre se réduirait; ce qui rendrait la scorification plus rapide, et abrégerait la durée de l'opération. Or, c'est à quoi on peut parvenir en chargeant une certaine quantité de schlich riche avec le cuivre noir; quand tout est fondu, l'oxide pénètre le cuivre de toutes parts comme une éponge, et cède son oxigène au fer, qui alors se combine avec l'argile et le sable siliceux que renferme le schlich. Il est facile de calculer la quantité du schlich rigoureusement nécessaire à l'oxidation du fer : 3000 kilogrammes de cuivre noir contiennent 196 de fer métallique, qui exigent, pour passer à l'état de protoxide, 58 d'oxigène ou 613 de schlich riche. Mais le vent contribuant aussi à l'oxidation, il faut se tenir fort au dessous de cette quantité.

J'ai fait ajouter au cuivre noir une certaine quantité de schlich riche à chaque raffinage, pendant six semaines consécutives, en augmentant graduellement la proportion, depuis 30 jusqu'à 70 kilogrammes. J'ai obtenu les résultats suivans:

1°. La durée moyenne du raffinage a été diminuée de deux heures. Le premier décrassage était plus copieux qu'à l'ordinaire, le second plus facile et plus prompt, le travaillement plus rapide et plus tumultueux. La coulée a suivi de près le travaillement.

2°. Le poids moyen de la coulée s'est augmenté de tout le poids du cuivre contenu dans le schlich. En effet, le poids moyen de la coulée, abstraction faite des grenailles pour plus d'exactitude, a été 2486 kilogrammes, le même poids est ordinairement 2455; différence en plus, 31. Or, on a passé en vingt-trois raffinages 950 kilogrammes de schlich, contenant 727 kilogrammes de cuivre; ce qui fait par raffinage 41,30 de schlich, contenant 31,60 de cuivre.

Avantages qui en résultent.

L'emploi du schlich riche dans le raffinage du cuivre noir offre donc à la fois un moyen d'abréger l'opération, et un traitement facile et économique pour ce minérai. Il est évident que le minérai en boules, formé presque uniquement de cuivre carbonaté, pourrait être employé comme le schlich riche; mais l'essai n'en a pas été fait.

Dans les premiers essais, les scories du premier décrassage contenaient beaucoup d'oxide de cuivre, quelques unes jusqu'à 0,25 : j'ai évité cet inconvénient en les laissant séjourner queltemps sur le bain.

En augmentant graduellement la quantité de schlich par raffinage, j'ai reconnu que 70 kilogrammes étaient la limite supérieure qu'il ne fallait pas dépasser, parce qu'au delà le cuivre retenait une trop grande proportion de son oxide, ce qui altérait sa couleur et donnait des gâteaux trop épais. Pour donner au traitement du schlich riche et du minérai bleu en boules tout le développement dont il serait susceptible, il faudrait donc modifier la dernière partie du raffinage, et remplacer l'action du vent par l'action des perches et du charbon de bois, de manière à ramener le cuivre à ne contenir que la quantité convenable de son oxide.

Améliorations dont le procédé serait encore susceptible.

Le procédé de raffinage suivi à Chessy a été établi par Jars en 1754 (1). Depuis cette époque, il n'a guère subi d'autre changement que la sub-

(1) Ce célèbre métallurgiste, au retour de ses voyages, obtint de M. de Trudaine de se rendre à Chessy pour y faire construire un fourneau à réverbère de son invention, l'un de ceux dont on a vu la description; et c'est alors qu'il établit le procédé dont il s'agit.

stitution faite récemment de la houille au bois, et l'emploi du schlich riche pour hâter la scorification. Cependant, ce procédé, très convenable au temps de Jars, réclame encore de nombreuses et importantes améliorations; on peut lui reprocher les inconvéniens suivans :

1°. La nécessité de refaire la sole à chaque raffinage : il en résulte qu'il faut laisser refroidir le fourneau après chaque opération, ce qui entraîne une perte considérable de combustible et de main-d'œuvre;

2°. La prolongation de l'opération au delà du terme où le cuivre est raffiné autant que possible, ce qui entraîne encore une perte de combustible et de main-d'œuvre;

3°. L'enlèvement des gâteaux à force de bras, travail pénible, dangereux et dispendieux.

On éviterait tous ces inconvéniens :

1°. En faisant la sole en quarz pulvérisé. On damerait, par couches successives, le quarz en poudre sur la contresole en argile, légèrement les premières, fortement la dernière, en donnant à la surface la forme convenable; on saupoudrerait celle-ci très légèrement de scories bleues pulvérisées, et on chaufferait au rouge blanc pendant dix à douze heures, de manière à agglutiner le quarz à la surface. On obtiendrait ainsi une sole capable de durer plusieurs campagnes (1); on ne serait plus dans la nécessité de laisser le fourneau se refroidir après chaque opération; le raffinage marcherait sans interruption. Immédiatement après la coulée, on chargerait le cuivre noir avec de longues pelles en fer. Il en résulterait une économie considérable sur le combustible, le temps

(1) On emploie une pareille sole à Imphy.

et la main-d'œuvre, et on éviterait la refonte des grenailles de la couche.

2°. En coulant le cuivre en lingots. On le puiserait sur la sole avec de grandes cuillers en fer enduites d'une couche d'argile, et on le verserait dans des lingotières dont les dimensions seraient déterminées par les besoins du commerce. Outre l'enlèvement des gâteaux, on éviterait ainsi la refonte des grenailles des cuves, le découpage des gâteaux et leur empilage dans les tonneaux, le chauffage des bassins de percée, etc. La suppression seule des tonneaux serait une économie considérable chaque année, à cause des nombreux vignobles que possède la contrée. Enfin, en livrant le cuivre au commerce sous la forme de lingots, on serait dispensé de prolonger l'opération au delà du terme où le cuivre est raffiné autant que possible.

Le procédé réclamerait encore beaucoup d'autres améliorations, principalement relatives à la forme des fourneaux; mais l'avenir incertain de la mine de Chessy ne permet pas d'y songer, du moins quant à présent.

On a réuni, dans le tableau suivant, les nombres proportionnels des consommations et des produits, celui de la rosette étant 1000.

Minérai de fusion	5983 kil.
Coke.	3067
Journées de fondeurs. . . .	4,54
Journées d'aides-fondeurs.	4,54
Cuivre noir.	1195 kil.
Houille de Sainte-Foi. . . .	717
Charbon de bois.	172
Journées de raffineurs.	1,20
Journées d'aides-raffineurs.	1,20
Cuivre-rosette.	1000 kil.

Paris, 15 mai 1828.

Pl. X.

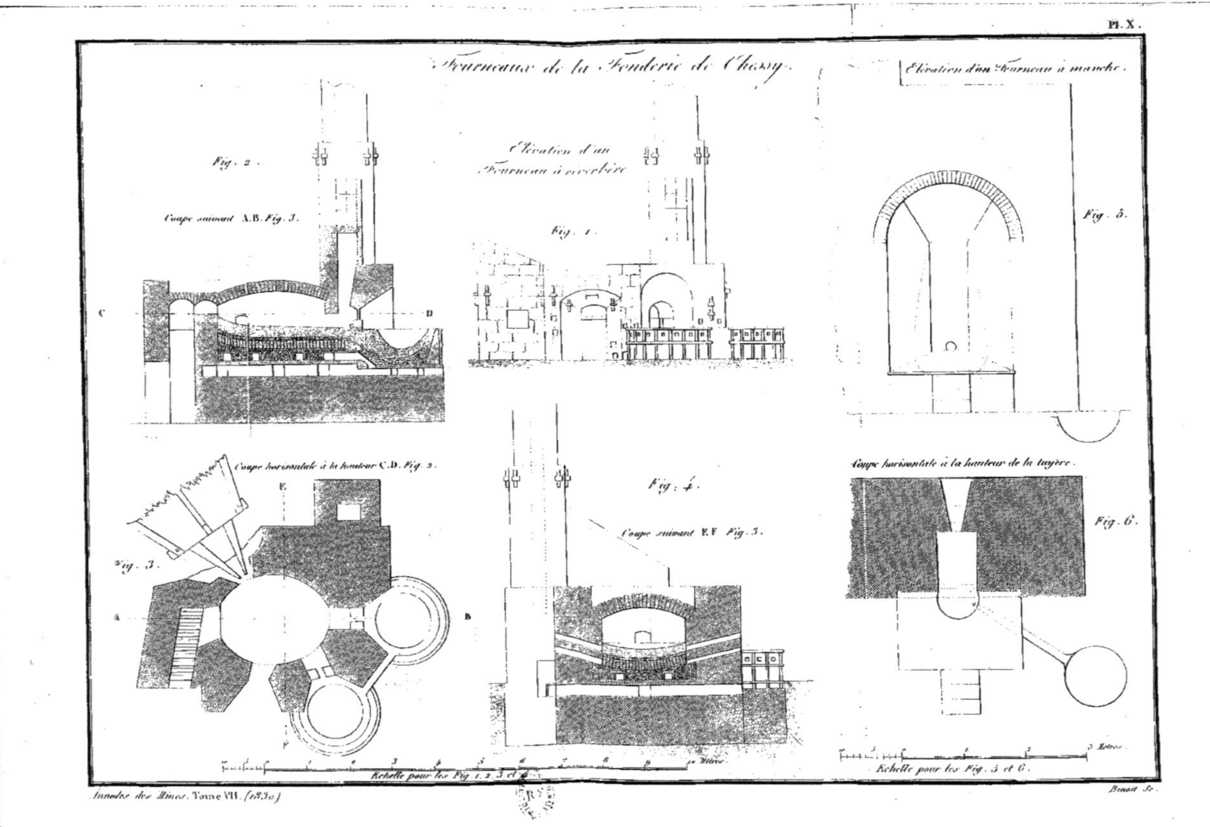

Benoit Sc.

www.ingramcontent.com/pod-product-compliance
Ingram Content Group UK Ltd.
Pitfield, Milton Keynes, MK11 3LW, UK
UKHW012108240726
13965UKWH00004B/1632